中房建筑

40周年作品集

1979-2019

上海中房建筑设计有限公司 编著

中国建筑工业出版社

中 房 建 筑 4 0 年 记

2019 年是中国改革开放 40 周年，也是中房建筑成立 40 周年。中房是一家主要以上海为基地的设计机构，作为上海乃至长三角城市建设和发展的参与者和见证者，每一个时期，每一个阶段都在住区规划及其相关公建领域留下自己的印迹，成为中国这 40 年取得举世公认的巨大发展成就下的一个微观缩影。

中房建筑诞生于计划经济年代，原隶属于上海住宅建设总公司下的科研设计室。成立之初，正值"文革"结束，百废待兴。当时设计室利用总公司人才进沪的优惠政策，从全国各地招募了一些支内返沪的建筑师、工程师，他们大都来自各省正规的设计大院，包括欧阳康、刘永峰、章关福、俞焕文、刘纪芬、姜秀清等，形成了当时中房建筑的第一代技术中坚。经过 10 年的奋斗，也就是 1989 年，中房建筑获得了甲级设计资质，在上海的设计界崭露头角，为中房今后的发展打下了坚实基础。与此同时，以同济毕业的本科生、硕士研究生为主，第二代设计骨干，包括丁明渊、郭为公、张继红、丁晓医、郑文辉、孙蓉等先后加入中房建筑，为公司后 10 年的发展注入了新生力和新动力。彼时中房在住区规划和设计领域声誉鹊起，屡创佳绩，多次获得全国方案设计竞赛一、二、三等奖，

最高获得了建设部优秀工程设计一等奖。及至 2000 年以后，以同济等老八校为主的本科生、硕士研究生包海泠、陆臻、黄涛、龚革非、虞卫、朱亮等第三代设计精英加盟，更令中房建筑的力量得到发展和壮大。

经过三代中房建筑师 40 年不懈的努力，中房建筑完成了各类设计 2000 多项，总面积上亿平方米，从成立之初七八条枪，两个人合坐一张板凳的简陋条件，发展成员工逾 400 人，年营业额数亿元，在上海市中心新天地附近拥有自属办公楼的知名设计机构。

经过 40 年的设计积淀，中房建筑在住区规划和住宅设计领域形成了自己的特色，取得了丰硕的设计成果，伴随着复合社区的兴起，办公楼、商业、养老等公共建筑已多有呈现。仔细分析中房的作品，可以清晰地发现其中的时间脉络，大致可分为三个阶段：第一阶段：1979-1989 年初创阶段；第二阶段：1990-2009 年发展阶段；第三阶段：2010-2019 年多元阶段。不同的时期，有着不同的政策背景和建设需求，体现了几代中房本土建筑师们的理性探索和执着追求。如果我们把这些探索和追求串联起来加以审视，可以发现中房建筑在住区规划和设计的理念和方法不断沉淀、递进，螺旋上升的发展轨迹。

1 中房自属办公楼 — 黄浦中心

中房建筑

40周年作品集

1979-2019

1979-1989 年 初创阶段

1979 年是中国改革开放的元年，以深圳设立经济特区为标志，但上海作为当时上缴中央财政占全国 1/6 的经济重镇，自然不可轻举妄动。当时的政策口号是将工作重心由阶级斗争向经济建设转移，大部分的建设项目都是生产性的，盘点中房那时期的设计项目，厂房、仓库、食堂、锅炉房占了半壁江山。

1979 年以前，上海财政长期支援全国建设，住宅建设历史欠账严重，使上海市民的居住条件十分困难。同时大批上山下乡的知青返沪，造成了新的居住矛盾。中央体谅到上海市民"吃的是草、挤的是奶"，加大了上海市的财政留存，上海的住区建设量也从 1979 年以后逐渐增多。中房建筑那时期参与了运光新村、市光新村、工农新村、康健小区、园南小区等的规划和设计。当时完成的住区规模并不大，多属小区、街坊级，规划手法典型为多层行列式，适当的注重条、点结合，主旨是要提高容积率，多产面积和住宅套数。此外在城市中心区域见缝插针或城市主干道两侧地块兴建高层住宅，如吴兴路高层、小木桥路高层、延安西路高层和四平路、天宝路高层等。

与住区设计相比，中房建筑初创阶段的公建设计更可圈可点。1980 年设计的浙江省公安厅劳改局主楼是杭州最早兴建的一批高层办公楼，当时的主流设计单位尚不具备电算条件，中房的结构工程师依靠计算尺手算完成了九层框架办公楼的结构计算。同一时期建成的还有浙江萧山宾馆一期和二期工程，国际式的水平线条、"故乡水"式的中国凉亭、"人看人"的宾馆中庭和时髦的螺旋楼梯颇具那个时代的风韵。

江西中路 250 号加层和长白新村文化馆无疑是那一时期公建设计的代表作。前一项是位于外滩敏感区域的加层项目，除了采用地基加固和轻质墙体材料等技术手段外，建筑师在造型上充分重视外滩环境的历史文脉，对大厦顶部加建部分与整体建筑的比例推敲、细部收分的处理体现了深厚的艺术功力。后一项长白新村文化馆则是用方、圆、三角形的组合以及大块的虚与实的对比强调建筑的体积感和雕塑感。以玻璃弧形排练厅外套一个粗犷的方形混凝土框形成了形与质的对比，以曲线与直线的交替运用来体现现代建筑的张力与美感。建成后得到倪天增副市长的赞赏，并被选作《时代建筑》当期的封面和封底的背景。

1979-1989	1979-1989	1979-1989	1979-1989	1979-1989
2 工农新村	3 四平路、天宝路高层	4 萧山宾馆	5 江西中路 250 号加层	6 长白新村文化馆

1988 年度上海市优秀设计二等奖

1990-2009年　发展阶段

1990年中央批准上海开发浦东，上海掀起新一轮城市建设的热潮。许多大的市政项目动迁急需大量的动迁安置房。90年代初为此成立的上海市城投公司在1993年组织了浦西平阳新村、浦东黄山新村两个超过100万平方米动迁房小区的规划竞赛，当时华东院、民用院、同济大学、中船九院等上海的大院均参与角逐，在时任设计公司负责人欧阳康的主持下，提出了一种适应当时住区规划的理论：在规划社区中区别于城市道路另辟一生活道路的步行交通系统，并以此将商业、菜场等配套服务设施、中小学、幼托等教育设施串联起来。同时利用步行道路形态变化来作为住宅布局的活跃因子，借此丰富整个住区空间的组织和形态。在分析了基地条件后，平阳新村和黄山新村都采用了45°扭转的生活道路选型，分别形成了"S"形、"◇"形居住区生活道路，从形式上为各自住区的空间丰富性创造了条件。中房建筑在当年的两个新村规划竞赛中同时胜出，并获得了设计权。几年后平阳新村落成时超前的住区形象而得到时任市委书记的高度评价，并被选为重大工程延安路高架的动迁房，

1998年被建设部评为优秀工程设计一等奖。

中房建筑与上海城投在动迁保障房方面的良好合作关系一直保持至今，其间最为辉煌的经历当属松江新凯家园一、二、三期。新凯家园一、二期是一个整体规划社区，其规划原理依然是生活道路系统变化的不同演绎，几年后拓展至北侧的三期时，受到了当时新都市主义规划思潮的影响，划小了街坊单元，加密了城市路网，以适应远郊机动车辆不断增加的需求，建成后的新凯家园在居住环境和形象品质较与之前又有了新的提升，作为上海优秀民生工程的样板得到了时任国务院总理温家宝的视察和表扬，并在晚些时候举办的"我最喜欢的保障房"上海市民评选中获得了第一名。

到了2000年左右，上海的主政者提出了在郊区规划"一城九镇"的设想，其背景是当时上海市中心人口大量向郊区疏散，急需卫星城的建设。鉴于对之前郊区的住区建设千篇一律、千城一面的担忧，考虑到上海开埠较早，中心城区存有大量"万国建筑"的现实，设想在郊区规划10座不同西方风情的城镇。中房建筑有幸参与了其中4个城镇的规划或实施

1990-2009
7　平阳新村

1998年度建设部城市规划设计一等奖
1999年度全国第八届优秀工程设计银奖

1990-2009
8　新凯家园一、二期

2010年度上海优秀住宅设计二等奖
2012年度上海优秀住宅设计获奖项目二等奖

设计，分别是高桥新镇（现代荷兰风格）、安亭新镇（现代德国风格）[9]、新浦江镇（现代意大利风格）[10]、临港新城（现代德国风格）[11][12]。其中高桥新镇由中房建筑在国际竞赛中获得第一名而取得总体规划和启动示范街坊的设计权，安亭新镇由德国 AS&P、新浦江镇由意大利格里高蒂事务所、临港新城由德国 GMP 负责总体设计，中房建筑则完成了其中部分或一个完整示范街坊的实施设计。一城九镇建成后，由于部分社区缺乏文脉的异国风情而饱受学术界的诟病，但西方建筑师将欧洲传统围合式街区的模式和尺度引入上海的城镇规划，创造了住区亲切、宜人的空间，

为上海住区规划发展注入了新的活力。几年之后中房建筑的建筑师就率先尝试把围合式理念运用到临港和松江的两个大型保障住区规划中。建成后尺度宜人的居住空间和环境得到了业界充分的肯定，上海规划部门为鼓励采用围合式甚至修改实行多年的日照计算规范。如今围合式住区已越来越为大众所接受，尤其是时下方兴未艾的租赁式住区。

也许受到"一城九镇"思潮的影响，当时中心城区住区规划也是欧陆风情盛行。在这方面中房建筑师却有着自身的独立思考，如何利用各地块独特地理环境和景观资源，如何响应业主的决策定位，如何坚持当代建

1990-2009
9 高桥新镇

1990-2009
11 新浦江镇

 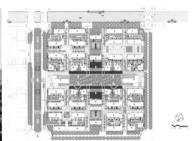

2010 年度上海优秀住宅设计二等奖

1990-2009
10 安亭新镇

1990-2009
12 临港新城[13][14]

2008 年度上海市住宅小区二等奖

筑的现代性，每次中房设计都给出了独特、理性和完美的解决之道。证大置业创始人戴志康站在世纪公园旁自己获取的土地上，首倡现代中式，追梦幼时家乡的"九间堂"[15]的情怀。中房设计巧妙地利用基地南北边的夹角加以图形演绎，勾画了曲折的意向水巷和三个被水围绕的半岛，达成了户户有水、有园有景的地块规划。明园房产的凌菲菲是个艺术收藏大家，富于理想的女总裁，对原先绿树成荫的厂区青睐有加，提出要打造"森林都市"[16]。中房设计仔细勘察了现场后，对厂区内每一棵要保留的树都进行测绘，因地制宜绘就了森林都市的总图，并把保留的旧厂房

改成凌总梦寐以求的艺术馆。静鼎安邦的业主，虽属国企，但同样有着执着的信念，要在静安中心城区的地块改造中实现土地的稀缺价值，但地块北面的连片既有高层小区搞得他们一筹莫展。中房建筑在经过反复的推敲和细致的日照分析后，推出了"二点二横"神来之笔让他们喜出望外。但以上三个案例，最难能可贵的是建筑师坚持摒弃风情化的创作思维，以现代理性的观念处理和协调建筑功能、形式以及与其相关的各种矛盾和关系，并以不同的现代手法表达各类建筑的内涵，创造出协调城市、照顾环境、亲切宜人并充满时代精神的现代建筑风格。

1990-2009

13 临港新城限价商品房

1990-2009

15 九间堂

2006 年度上海市优秀住宅小区创优设计项目优秀奖、2007 年度上海市优秀住宅工程小区设计一等奖

1990-2009

14 松江佘山北大型居住区

1990-2009

16 明园森林都市

2008 年度上海市住宅小区一等奖
2019 年度德国标志性设计奖 Winner

1990-2009

17 静鼎安邦

2006 年度上海市优秀住宅工程小区设计项目一等奖

发展时期的中房公建设计与住宅设计关联并不密切，但仔细研究也可将其分为表现的现代主义、功能的现代主义和生态的现代主义，对公建创作的认识也在渐次提高。

从 1990-1992 年中房先后中标了三个工商银行：嘉兴工商银行、上饶工商银行、江西省工商银行。其中江西省工商银行的标准最高，属省会总行，包括一栋高层办公主楼、一座裙房和一幢全空调的宿舍楼，建成后是当时南昌的最高建筑。银行的造型受到当时丹下健三东京都厅舍的影响，通过 2 个铝板的实体塔楼，托起玻璃幕墙表皮的办公连接体，粗

矿的石材覆盖的多层裙房穿插于塔楼落地的巨柱之间，巨柱的实与幕墙的虚形成对比，主楼竖向线条与裙房穿插横向线条相互映衬，凸显了现代办公建筑的挺拔和力度。

另一个表现主义的办公楼是金桥开发区邲凌大厦，建筑师将主楼平台设计成两个近似正方形对角相接的形体，并通过层层退台收进形成了金字塔形，寓意"金桥之金"，并通过层层跌落的玻璃天棚给人以水的意向，顶棚上斜向连接体则是"金桥之桥"的引喻。该多层办公楼采用当时还很少见的铝板幕墙，建成后新奇的造型大获成功，被上海市评为浦东开

1990-2009

18 江西省工商银行

1990-2009

20 黄浦中心大厦

2011 年度上海市优秀工程勘察设计项目二等奖

1990-2009

19 金桥邲凌大厦

1990-2009

21 SOHO 世纪广场

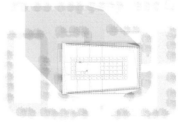

2013 年上海市优秀勘察设计项目二等奖
2013 年度上海优秀勘察设计暖通专业一等奖

放"一年一个样、三年大变样"的标志性建筑,建筑形象还被制成了明信片和邮票。

到了 2000 年以后,办公楼由各单位自建向商业开发模式过渡,此时办公建筑设计更讲求平面使用效率和核心筒的经济性,办公楼造型由先前雕塑感的表现主义向理性简洁的塔楼回归,但更注重形体的比例和立面细部,黄浦中心大厦、SOHO 世纪广场和莲花国际广场均是中房建筑这一时期的代表作。

2000 年前后,上海成功赢得世博会主办权,是上海向世界诠释"城市让生活更美好"主旨理念的大好机遇。2009 年初,中房建筑与住安建设组成设计施工联合体,赢得了世博会挪威馆的深化设计权。挪威馆的概念方案由挪威国际先锋事务所海伦和哈特事务所设计,整个建筑西南高、东北低,由 15 棵"树"的木结构组成。由树伸出形成节点,节点高低错落有致,和附在上部的膜结构一起,形成了三度空间的美丽形态。中房建筑通过此次合作设计,提升了自身生态节能的设计理念和水平,包括可再生材料的运用、光透膜节能特性、雨水利用和净化、太阳能供电系统等。

1990-2009
22 莲花国际广场

2010-2019
24 万科良渚文化村 - 竹径云山

万科良渚文化村 - 郡西别墅

2016 年度上海市优秀住宅工程设计二等奖
2017 年度全国优秀工程勘察设计行业
住宅与住宅小区设计二等奖

万科良渚文化村 - 郡西澜山

2018 年度 上海市优秀住宅工程设计二等奖

1990-2009
23 世博会挪威馆

万科良渚文化村 - 柳映坊

2014 年度优秀住宅和住宅小区获奖项目
一等奖

万科良渚文化村 - 阳光天际三期

万科良渚文化村 - 随园嘉树

2016 年度上海市优秀住宅工程设计一等奖
2017 年度全国优秀工程勘察设计行业
住宅与住宅小区设计一等奖

2010-2019 年 多元时期

2010 年以后，房地产由黄金时代进入白银时代，这一时期长三角一二线城市城区中心已无大片土地可供整体规划开发，城市发展向郊区和三、四、五线城市延伸。这一时期国家倡导小城镇建设，各种农旅、文旅、乐园、产业小镇应运而生，而其中如何以规划引导，产业定位从而达到产城融合的可持续发展模式尤为引人关注。

万科良渚文化村、鑫远太湖国际健康城和融创慈溪联想产业园是中房建筑这一时期产业小镇规划和设计的典型之作，三者分别以良渚文化、健康养老、智慧产业为主题来规划布局，整合社区资源优势，形成联动发展、相辅相成的共赢格局。

万科良渚文化村占地万亩，总容量 350 万平方米。基于营造一个具有良渚文化精神的世外桃源的愿景，10 多年来中房建筑先后参与从刚需产品—柳映坊、秋荷坊、探梅里；改善产品—堂前、阳光天际三期、郡西澜山、竹径云山；高端产品—郡西别墅和养老里程碑作品—随园嘉树养老公寓等全生命周期产品线，实现"梦想居住一辈子"的小镇理想。近日良渚

文化申遗成功，中房建筑的建筑师又提笔为"玉鸟流苏"的旅游项目勾画蓝图。

鑫远太湖国际健康城位于湖州太湖度假区，温泉、水系等自然资源丰富，规划以健康养生为主题，以现代医疗为保障的特色现代风情小镇。中房建筑在完成了桃源居、观澜别院适老住区的同时，也承担了健康颐养中心养老项目、健康医院配套和康健城商业水街等住区配套项目。

融创慈溪联想产业园位于宁波杭州湾新区，规划设计依托两个轻轨站点布置公共设施，形成双核驱动的"TOD 邻里中心"及"融创联想智谷"办公园区，以双核为两端公共活动引擎，紧邻核心布置公建化高层住宅，沿城市绿地周边及河道周边布置低层、多层和小高层住宅，恰似水波般地由中心向四周扩散的规划格局，营造了产业与居住相结合的科技小镇。

与此同时，中国一、二线城市中心城区楼盘动辄数十亿上百亿的销售总价，使得建筑师能够挣脱开发商成本藩篱的束缚，有机会使用高品质的建材、先进的建筑技术、从而实现上海高端住宅品质与纽约、巴黎、伦敦等世界大都市看齐。中房设计的浦东塘桥黄浦江畔的世纪海景，即是很好的范例。世纪海景建筑群总面积 10 万平方米，是由形体基本相似

的一栋办公楼和两栋住宅楼组成，基地正处黄浦江转折段，建筑师巧妙地将三幢塔楼垂直于江面布置，使滨江城市空间获得最大的通透性，同时也使建筑内部空间获得最大可能的观江效果。建筑师设计了全玻璃和石材幕墙表皮，用简洁现代的设计手法构造了独特的建筑细部以丰富建筑的表情，来回应时下流行的建筑装饰风格。此外建筑师还大量运用了成熟的生态节能技术于住区的各个方面，成为上海浦东新区首个节能示范小区，并通过了独立第三方的节能评估。

一线大城市与世界接轨的房价，也让开发商可以放眼世界挑选优秀建筑师担纲，以获取名人效应，这也让中房建筑获得与世界级建筑大师合作的宝贵机会。如上海静安区1001地块与英国理查德·罗杰斯事务所合作，杭州庆隆地块与新加坡SCDA建筑事务所合作。上海万科中兴社区的10幢塔楼和裙房沿中兴路、临山路和区内自身道路呈围合式布局，项目的方案主创理查德·罗杰斯为高技派的代表人物。立面上十字形框筒形成强而有力的竖向元素，框筒之间则以横向线条为主，纵横线条的交织，彰显了建筑的张力，简洁现代中又带有科技感。10栋塔楼以相同的外观、不同的建筑高度，形成统一的空间界面和丰富的天际线。同时，为在统

一性当中赋予每栋建筑一定的独特性，在城市主界面中兴路一侧，建筑外墙上设置了铜质幕墙，借用铜在不同时期形成的色彩变化，形成每个建筑的独有特征。不同材料与工艺的完美结合将建筑风格的精粹体现得淋漓精致。杭州万科庆隆国际社区选择了现代主义风格作为表达社区氛围的主基调。住宅立面颇具SCDA的特征，对称中孕育变化，体量简洁，线条流畅，十分契合年轻一代的审美观。通过对关键节点、地下庭院等标志性建筑物和景观的定调，各个楼栋可以在整个现代立面风格系统中进行演绎、变奏，形成多样统一的社区氛围。

中心城区更量大面广的任务是在如何保持城市文脉和肌理的前提下，改善居住质量和市民生活，激活城市新的产业升级和迭代发展，通过城市更新让生活更美好，这方面中房建筑也正通过像承兴里改造这样的项目进行着尝试和探索。上海黄浦区承兴里项目建成于20世纪20-30年代，房屋形式多以砖木和混合结构的新旧式里弄建筑。规划坚持"留改拆"并举、以保留保护为主，根据街坊风貌评估情况，将整个街坊分为南、中、北三个区域，采取不同的策略实施改造和修缮。中房建筑负责中部的改造方案，在保留原有里弄肌理和保持原有内部空间尺度的前提下，通过

2010-2019

29 杭州万科庆隆国际社区

2010-2019

30 承兴里改造

加层增加使用面积,实现804户居民的原址回迁。正如罗马建筑师柴菲拉提所言,历史文化遗产保护上既要保护有价值的老建筑,还要保护现状居民原有的生活状态。"承兴里"整街坊的改造正是基于保护和改善居住于其中的社会阶层的一次城市更新。

这一时期,中房建筑的公建也呈现多元的特色:特色之一是TOD模式,20世纪90年代,美国新城市主义学派提出了TOD开发模式,即"以公共交通为导向",以轨道交通或巴士站等交通枢纽为中心,在400-800米半径建立工作、商业、教育、文化、居住等于一体的城镇区。中房建筑有幸承接上海第一个大型地铁上盖项目—日月光商业广场[31],为此类建筑与轨道连接而产生的交通、消防、安全和振动等课题作出了有意义的探索,有些课题研究在建成之后便已被相关主管部门总结并上升为地方规范。日月光商业广场由一栋超高层办公、两栋百米高公寓式办公及约9万平方米的大型综合商业组成。地下共四层,地铁9号线斜穿整个基地,并与建筑同步实施。设计中,位于地下二层的站厅及地铁疏散通道两侧,均与下沉式商业广场、商业内街之间在视线及空间上相互贯通、浑然一体,为商业带来了无限商机。鉴于日月光中心交通组织十分

复杂,地铁人流的安全疏散是交通组织的首要。因此在设计中,建筑师运用了立体交通的解决方法,当遇有应急情况发生时,地铁站厅及各疏散通道两侧的防火卷帘会自动落下,使地铁客流从地下三层的站台开始,就有了不受干扰的垂直交通和水平疏散通道,让客流能快捷安全地抵达基地外侧的城市道路。

近日,中房建筑又承接了杭州富阳汽车北站地铁上盖项目[32],规划的重点是整合地铁、长途客运、公交中心、酒店及公寓等各种功能,设计以交通为导向,采用人车分流,商业与盖上公园、换乘流线复合、商业与站前广场复合、打造地铁上盖城市公园体。

中房这一时期公建呈现的另一特色是复合社区的概念。当下的大型住区规划,已摒弃了原先功能严格分区的僵化原则,考虑到生活、工作、休闲的便利性,更多采用混合的规划理念,来处理商业、办公和居住的相互关系,从而激活就业、零售和文化产业,临港新城配套公建[33]和万源城开中心[34]均是复合社区规划设计的成功之作。临港新城配套公建位于临港滴水湖畔,服务于周边近百万平方米的大飞机产业工人配套商品房,如何处理好商业与周边住区的关系,是复合社区商业规划成功的关键。建

2010-2019

31 日月光商业广场

2013年度上海优秀勘察设计结构专业二等奖

2010-2019

32 杭州富阳汽车北站

2010-2019

33 临港新城配套公建

筑师巧妙地引入了"集市"的概念，以一河两岸公共生活中心为出发点，将两个小型商业建筑群落散落布置在河的两侧，同时也尽量将商业中心体量打碎置于基地的西北侧，创造了一系列自由的、近人尺度且风景优美的购物休闲空间，将周边住区的居民吸引到"集市"中来。万源城开中心是位于上海顾戴路万源城六个街坊中最后一个待开发的公园和商业综合体项目，总面积逾 14 万平方米，旨在营造一个供周边居民工作、购物、休闲的时尚公共空间。建筑师在设计上，一方面通过规划布局的最优化，使新建空间景观资源最大化；另一方面，注重开放式的商业设计，将地铁与商业对接，将商业内街开放，引导人流沿东西内街进入，再由大台阶或自动扶梯直接进入商业公共空间，平面动线紧凑连贯，一气呵成！

纵观中房建筑历时 40 载，三个不同时期的创作历程，我们试图概括出中房团队不断发展、不断完善的设计观点：首先是秉持现代理性，即以现代理性的观念处理和协调建筑功能、形式以及与其相关的各种矛盾和关系，并以不同的现代手法表达各类建筑的内涵，创造出协调城市、符合民俗、亲切宜人并充满时代精神的现代建筑风格。其次是彰显地域特征，尝试从"人文环境要素"中以现代的创作观念、手法和科学技术来链接历史与未来；从"自然环境要素"中体现人、建筑与自然和谐共生的现代思想和理念；从"生活环境要素"中找到合理安排功能的依据和适应、引导现代生活的方法。再者是尊重历史文脉，提倡和实践对有价值的原有建筑进行保留、改造并赋予新的功能，体现可持续发展的观念，同时还能产生人们的怀旧情节和文化认同的人文需求，使城市文脉和文化得到传承。最后是关注先进技术，倡导根据国情和地区不同的经济、自然状况和生活习俗，合理选择成熟技术和逐步推进的环保观念。希冀上述的这些观点能更好地引领中房建筑的建筑师们，成为他们探索未来，挑战新高的灵感源泉！

谨以此文与中房建筑所有同仁共勉！

丁明渊、欧阳康
2019 年 9 月

2010-2019
34 万源城开中心

Contents
SHZF ARCHITECTS

目 录

南京仁恒凤凰山居温泉会所

项目地址：江苏省南京市

开 发 商：仁恒置地集团有限公司

建筑面积：2676平方米

凤凰山居温泉会所采用开放式陶棍幕墙，用玻璃与陶棍格栅组合，创造出连续透明、半透明、不透明的表皮，模糊室内与室外的边界，贴近温泉的本质，让建筑融入周围的自然环境。

沿着不规则的用地边界进行形体分解，先形成一个不规则的四边形基座，在敦实的基座上，三层体量上围绕迎向老山森林公园的大露台，切割成三个彼此分隔的坡屋面，削弱建筑整体体量感，以"V"形的姿态拥抱自然。而入口处用三角形的大雨棚落客区向外侧延伸，使形体更为舒展。

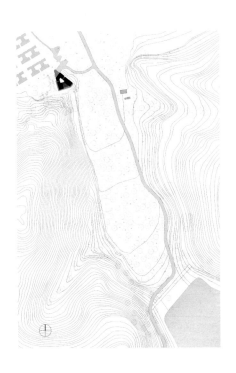

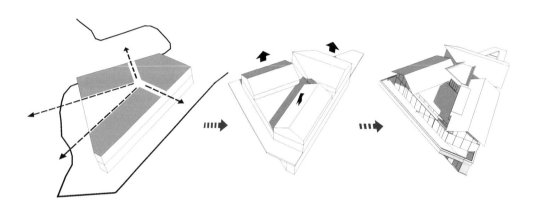

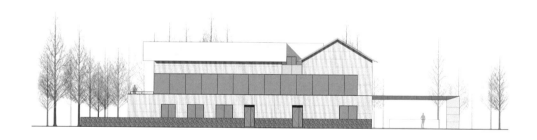

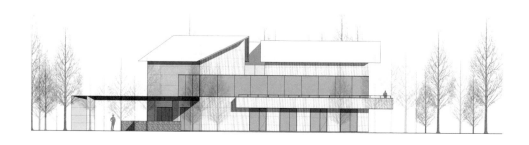

临港新城配套公建

项目地址：上海市浦东新区
开 发 商：上海临港新城投资建设有限公司
建筑面积：47353 平方米

本设计创造了两个"小集市"，每个集市由很多栋小房子组成，每一栋房子，每一个店铺，
每一个角落都与众不同，通过这些原始状态房子的成组随机组合放置，创造出丰富的内部空间；
而色彩多变的立面营造出温暖而具变化的效果。两个三角形的景观广场，把人流吸引、聚集
到沿河两岸，提供一种亲近自然，独一无二的购物体验。

中 房 建 筑
40周年作品集
1 9 7 9 - 2 0 1 9

中 房 建 筑
40 周年作品集
1979－2019

华谊月子中心

项目地址：上海市杨浦区

开 发 商：上海华谊集团

建筑面积：12041 平方米

华谊月子中心包含了一家含 40 余间居室的月子会所、少量商铺以及一个小型医美诊所。项目位于上海杨浦区老城厢内；周边环境新旧夹杂，既有 20 世纪各个年代上海住宅的陈列，也有红房子医院等大型建筑对城市空间的剽悍介入和割裂，显得杂乱而丰富。在这样一个环境中，建筑自身的秩序感和景观资源的内向化成为设计的主要策略。

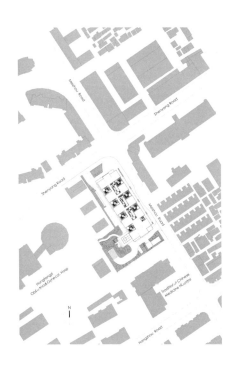

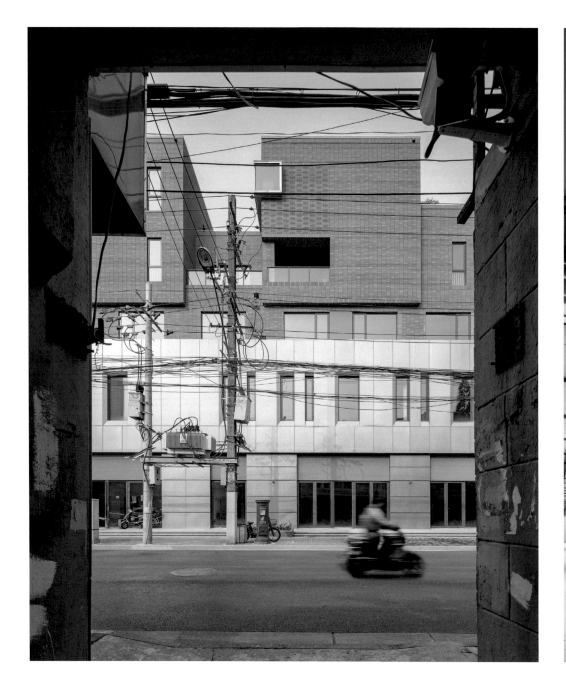

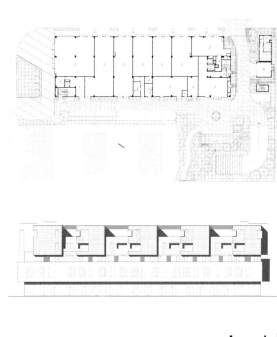

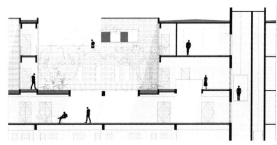

黄浦中心大厦

项目地址：上海市黄浦区
开 发 商：上海众鑫资产经营有限公司
建筑面积：31150 平方米

项目规划注重周边新天地太平湖和远处黄浦江景观价值，将建筑主朝向沿东西向布置，同时尽可能减少建筑密度，提高绿地率并与城市环境相协调。建筑形体简洁方正、色彩稳重，采用玻璃与石材相结合的单元式幕墙，现代而不失精致。室内及环境设计注重与建筑立面风格和材料相协调，入口大堂的墙、地、顶以及室外地坪、花坛等均采用同一种石材的不同表面处理，使建筑内外浑然一体，强化了现代办公品质。

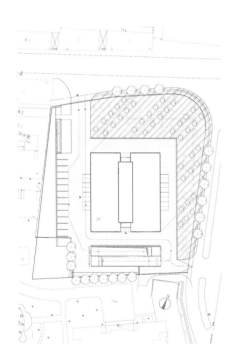

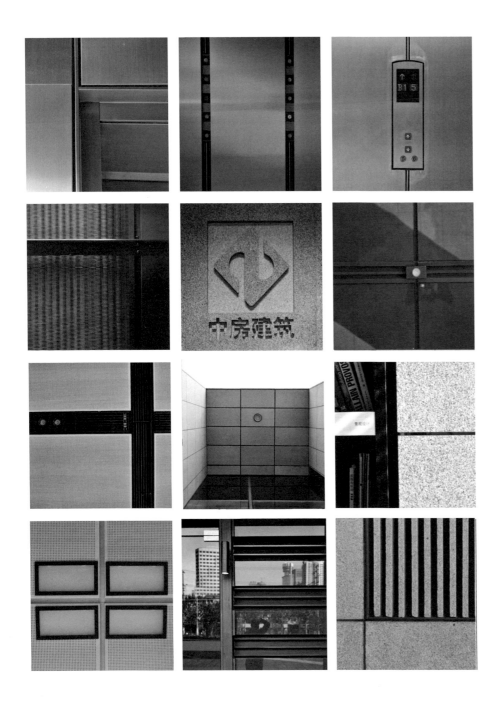

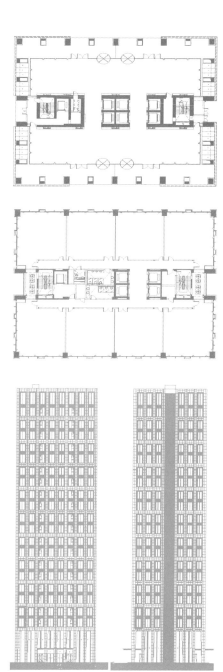

SOHO 世纪广场

项目地址：上海市浦东新区
开 发 商：上海龙昌置业有限公司
建筑面积：60764 平方米
合作设计：法国夏邦杰事务所

项目位于世纪大道北侧，总高 112.3 米。设计讲究简洁高效的功能配置，合理便捷的交通组织，极简精确的形体关系，不哗众取宠，使办公楼矗立于世纪大道，与周边环境相协调，并通过现代科技手段的运用以及纯净精致的形体与细部设计使其成为标志性建筑。

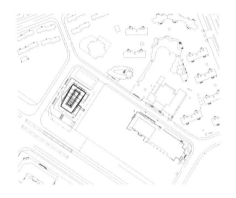

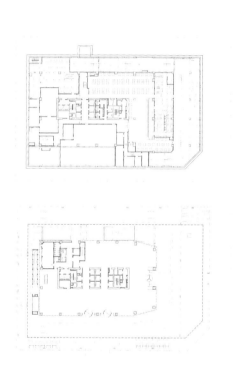

中房建筑
40周年作品集
1979-2019

莲花国际广场

项目地址：上海市徐汇区
开发商：上海碧恒实业有限公司
建筑面积：95000 平方米

规划以三幢体量相同的高层办公塔楼，通过平行或错列布局使其既符合城市空间次序，又保证了不同功能区域的合理划分。裙房以三层为主，沿界面的凹凸变化形成合乎城市尺度的形体。整组建筑突出了各单元体块之间的穿插与构成，玻璃幕墙采用与案名相呼应的"LOTUS"金属字模数化设计，形成了时尚、纯净的建筑肌理和统一的设计语汇，使建筑外观新颖别致。

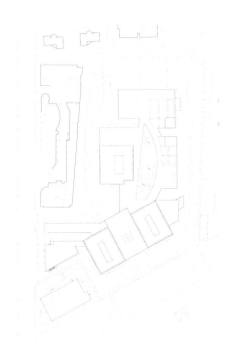

万源城开中心

项目地址：上海市闵行区
开 发 商：上海城开（集团）有限公司
建筑面积：139000 平方米

项目位于万源国际社区中南部，旨在打造一个城市新中心的公园化的新办公空间。单体建筑包含办公、酒店、企业总部和商业中心。办公区域的设计精心布置集中核心筒，尽可能提高得房率，充分满足大面积分割要求与小面积需求的平衡，立面简洁，注重节能，流线型立面兼顾功能与造型，充分利用公园景观，最大化朝向公园的优良景观视野面。

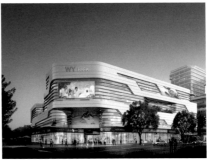

佘山北大型居住区

项目地址：上海市松江区
开 发 商：上海松江方松建设投资有限公司
建筑面积：115979.95 平方米

本项目作为上海市两个围合式居住区试点项目之一，追求和反思一个有生命的城市居住街区的形成过程，避免千篇一律、没有识别性的住宅建筑。项目采用围合式住宅加北侧地块高层住宅的整体规划结构，在综合考虑项目整体定位、住区空间形态、空间容积率要求以及工程建设成本的前提下，设计采取 5-8 层住宅与 12-14 层高层住宅相结合的方案。围合式住宅地块重点营造每个地块的景观中心，利用步行系统将几个地块与居住区的公共中心和两个幼儿园地块串联起来，使各个地块之间产生有机的联系，形成一个整体。

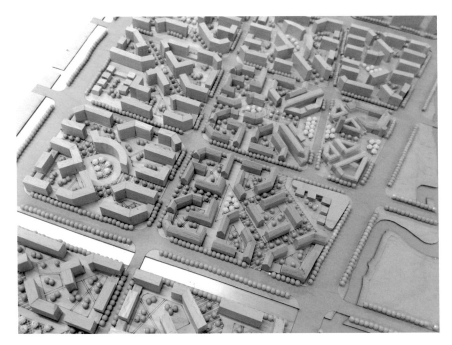

SHZF ARCHITECTS
40th Anniversary

新浦江镇

项目地址：上海市闵行区

开 发 商：上海天祥华侨城投资有限公司

建筑面积：138166 平方米

本项目是 300 米 ×300 米道路模数网络中的一个街区，纵横两条带状花园将这不受汽车干扰的街区划分成四个街坊，每街坊又以住宅两两围合成四个组团。这种规划手法既体现出注重邻里交往的场所精神，同时又表达了以人的步行距离为尺度的设计理念。为真实表现建筑效果，单体设计中严格控制石材模数，准确考虑构造完成厚度。整个街区不仅空间丰富有序，而且单体十分精致，充分展示出现代住区的品质。

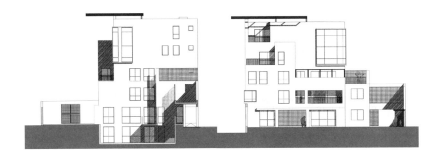

宁波万科翡翠滨江

项目地址：浙江省宁波市

开 发 商：万科企业股份有限公司

建筑面积：236000平方米

项目位于宁波鄞州区滨江中心区块，紧邻奉化江，定位为顶级江景住宅。规划设计立足于城市空间的高度加以整合，并统一考虑了空间形态、绿化体系和交通组织，使城市空间保持着整体的形象。在设计过程中，我们首先遵循东高西低的高度分布原则，形成层次分明、错落有致而富有韵律感的城市天际线。以"三带、三园、一平台"为理念，采用周边式布局，增加延展面，提升观景价值。其次运用大围合绿化，注重均好性，使得每栋建筑均有江（水）景面和园景面；建筑采用点板结合，自由曲线，化解消极空间。

中 房 建 筑
40周年作品集
1979－2019

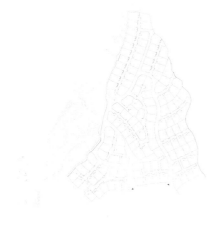

杭州万科公望别墅

项目地址：浙江省富阳市
开 发 商：浙江万科南都房地产有限公司
建筑面积：209000 平方米

万科公望别墅总用地 588000 平方米，拟分六期开发。项目在总体规划方面充分尊重原始山地地形，因势利导，尽可能控制土方量的平衡，使总体规划的独立别墅沿着山地起伏错落，峰回路转，创造出独具魅力的山地别墅居住氛围。设计根据原始地势的坡度起伏，设计不同标高的若干个规模较小、尺度宜人的居住组团，每个组团 8-12 户，通过林荫主干道串联起来。在合适的位置预留公共景观带，与基地外天然山体与溪流相连形成互动。总体设计贴合原始地形，使完成后的建筑群天际线与远景的群山高峰起伏之势吻合，相映成趣。

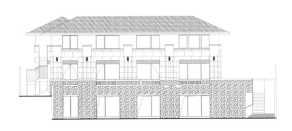

杭州万科郡西别墅

项目地址：浙江省杭州市良渚文化村

开 发 商：浙江万科南都房地产有限公司

建筑面积：198000平方米

项目根据山地特点，将场地分成平地和山地两种组团，以四合院的形式组合双拼别墅。采用小车库、小围合、小弄堂，化整为零，以精细的方法处理地形，充分还原良渚文化村独特的"山居"氛围。围绕主院、侧院、后院、下沉庭院、空中庭院，多重庭院展开内部居住空间，注重室内外空间的对景、交流与互动。造型采用放脚的虎皮黄基座，木饰面，深灰色水泥瓦四坡顶坡顶，力图体现粗犷而有品质感的独特气质。

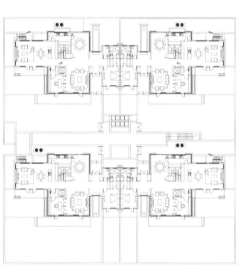

镇江万科翡翠公园

项目地址：江苏省镇江市

开 发 商：万科企业股份有限公司

建筑面积：312831 平方米

本项目位于镇江市蚕桑路以南，蚕宝路以西，总用地面积 112900 平方米。东侧为御桥嘉园住宅小区，西侧为空地，北侧为高架铁路。根据项目周边条件，居住区内部分区明确，西侧及北侧沿街布置高层住宅，东侧布置 8-9 层住宅。住宅南侧主入口采用酒店式落客形式，车行道路沿住宅外围布置，实现人车分流。入口景观轴线与中心景观轴线巧妙衔接，从中营造出具有仪式感的归家之路和丰富的城市天际线。

中房建筑

40周年作品集

融创海越府

项目地址：浙江省嘉兴市

开 发 商：融创中国控股有限公司

建筑面积：196413平方米

项目位于嘉兴市，典型的江南水乡，传统文化的回归，既是时代步伐，也是每一位国人的心理需求，设计采用现代中式立面，打造底蕴深厚的新中式文化社区。门为迎，深深庭院，层层见景。高低错落，取传统园林曲径通幽、步移景异之意。院墙为基，以院门为度，富有低调的韵律感；大面积开窗，精致的细节符合融创产品的调性。虚实得当，曲直相宜，内向私有，看春华秋实，曲水流觞。"院和宁，家和兴"，是深刻到骨子里的情结。不论是老北京的胡同、四合院，还是江南烟雨里的粉墙黛瓦，它都相互依存，记载了代代传承的生活方式和家族温情。

融创海逸长洲

项目地址：浙江省嘉兴市海盐县

开 发 商：融创中国控股有限公司

建筑面积：500000 平方米

项目位于嘉兴市海盐县，拥有海岸及运河的双重水景资源，设计目标是充分发挥自然资源优势，打造舒适、品质的湾区理想生活。小镇滨海部分分为三个度假村，每个度假村沿内河的中心将布局最高端产品。低密度住宅组团占据景观资源最集中的区域，同时也是运河沿岸最富度假风情和最有滨海小镇精神特质的亮丽的风景线。

在城市空间有机合理的前提下局部提高建筑高度，以形成梯度明显的空间关系，洋房配合低层产品形成较明显的天际线差别，丰富滨河界面。沿滨海路和鱼鳞塘路建筑则在控制高度的同时，增加城市形象节点，保持城市界面的尺度和丰富性。

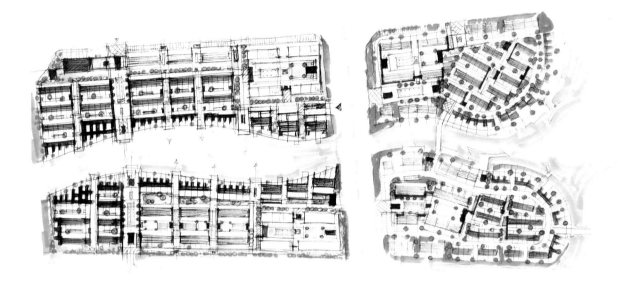

中 房 建 筑
40周年作品集
1979-2019

融创湖州府

项目地址：浙江省湖州市
开 发 商：融创中国控股有限公司
建筑面积：356856 半方米

项目设计汲取现代元素，旨在打造精致内秀的东方韵味新亚洲风情社区。设计以湖州水色湖光、山川胜景、丝绸文化、湖笔文化、茶文化等元素为一体，演绎极具历史文化意蕴的现代品质空间。别墅立面采用三段式布局，强调横向水平线的延展，整合形体，增强建筑力度感和舒展感；细节强调精致自然的风格，提升品质感。

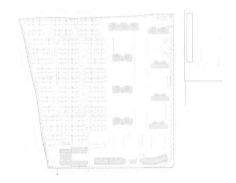

SHZF ARCHITECTS
40th Anniversary.

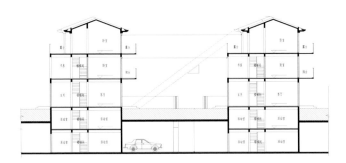

国信世纪海景

项目地址：上海市浦东新区

开　发　商：中江房地产发展有限公司

建筑面积：98250 平方米

项目位于浦东塘桥地区，由三幢 100 米建筑组成，包含住宅、商业、办公。地块紧临黄浦江，有优越的景观资源，以其高端的品质定位和精致隽秀的形象气质成为滨江一道亮丽的风景。由于所处地理位置较为敏感，设计既须考虑到自身的观景效果，更须兼顾到滨江沿线的形象特征。规划将三幢建筑垂直于江面错落布局，既获得了城市空间最大的通透性，又使每家每户都有江景可赏，实现了"看"与"被看"、观景与景观的重合效应。

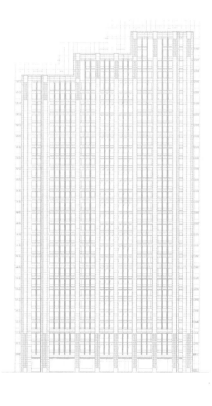

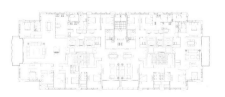

静鼎安邦

项目地址：上海市静安区

开 发 商：上海新宏安房地产公司

建筑面积：62258 平方米

项目位于上海市中心城区武宁路。由内院式联排别墅、空中花园式叠加和两幢点式圆形的高层住宅组成。空间北高南低，住宅层层跌落并与南端绿地相连，形成了大都市中闹中取静、空间丰富的隐隐深宅。住宅形体简洁细部精致，采用淡黄洞石的自然肌理与透明光洁的玻璃以及深灰色铝合金的质感形成对比，打造极富尊贵典雅的现代建筑风格。

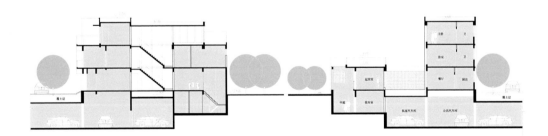

九间堂

项目地址：上海市浦东新区

开 发 商：上海证大三角洲发展有限公司

建筑面积：28722 平方米

根据业主的要求，本地块将设计风格定位于现代中式，即要将中式建筑文化的传统韵味与日新月异的时代精神相统一，创造出高雅宜人的别墅社区规划方案。经过对中式传统建筑文化，尤其是江南水乡地区传统空间布局的深入研究，本项目以水体景观为主线，通过迂回曲折的水道和不断变化的空间收放，力求在总体上体现出小桥流水、曲径通幽的空间文化韵味。

小区将主入口设在芳甸路一侧，会所以北。为了使小区景观在层次上更加丰富，整个水系经过主入口的适度放开以后，转为有规律地迂回曲折，从而形成三个长条形的半岛，三边皆由水面环绕的格局。为了更好地欣赏小区的优雅景致，总体布局特意设置了丰富多变的车行和步行路线。另外，为了更好地利用张家浜景观资源，小区还设有一些绿化通道，使内外环境达到相互渗透融合的效果。

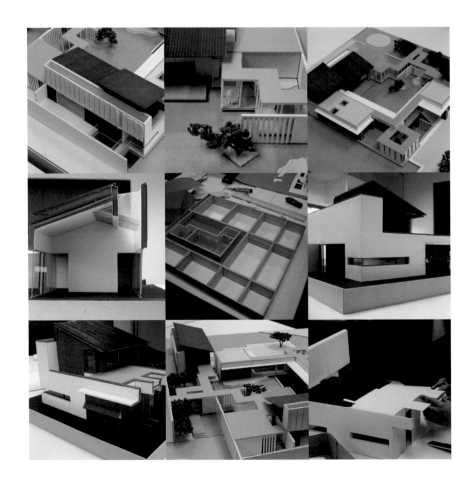

中 房 建 筑
40 周年作品集
1979 - 2019

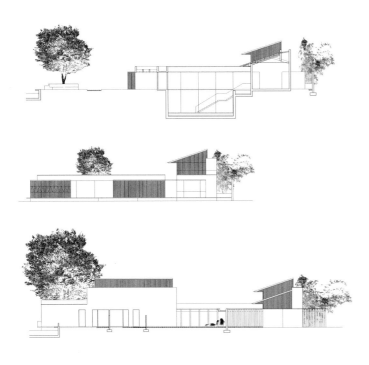

江南润园

项目地址：浙江省嘉兴市

开 发 商：嘉兴市经协房地产开发有限公司

建筑面积：170000 平方米

项目位于嘉兴古镇新塍东侧，是由组合式联体独院别墅、并列式亲水多院别墅、多层、小高层公寓，以及配套商业综合体构成的住区。设计依托千年江南古镇风韵，通过现代建筑语言，重构院落、檐廊、水巷、粉墙黛瓦、博古架等传统建筑空间和元素，力图创作出符合地域特征、具有文化底蕴的现代中式住宅。

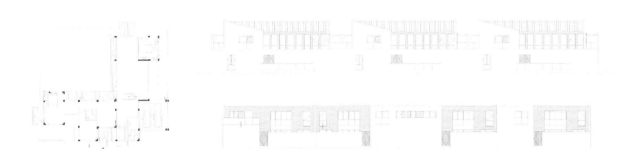

苏州筑园会所

项目地址：江苏省苏州市

开 发 商：上海中房建筑设计有限公司

建筑面积：420 平方米

本项目位于苏州市平江路历史风貌保护区内，属沿河民居历史建筑保护与再利用工程。设计通过严谨的勘测发掘，确定了以"原样保护""整体保留局部更新"和"更新改造"三种方式进行保护性改造。同时，我们还确定了"保护与再利用"的基本原则，采用"保护第一，局部更新"的原则，在保护、保留的同时，将绿色、可持续的理念融入其中，使筑园能够融入现代生活。

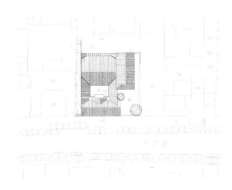

中 房 建 筑
40 周年作品集
1 9 7 9 - 2 0 1 9

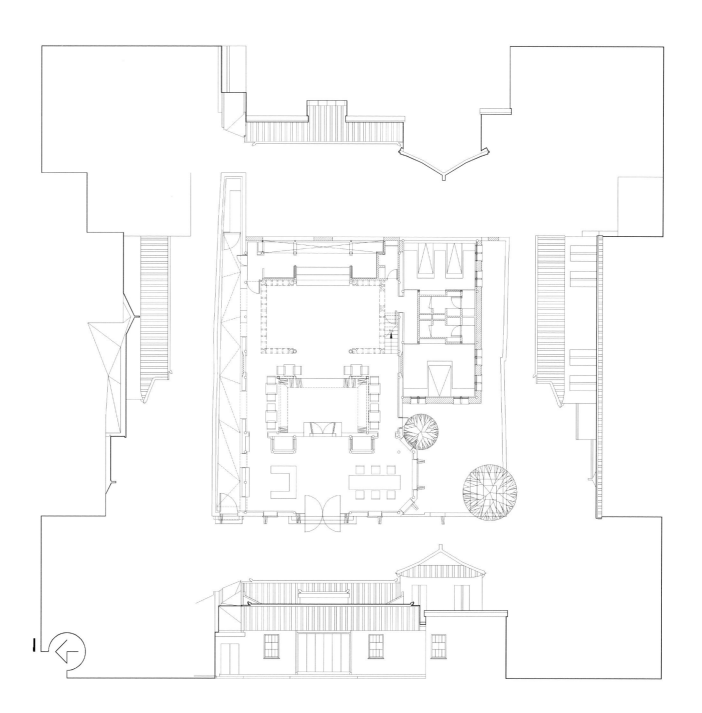

明园都市森林

项目地址：上海市静安区

开 发 商：上海东北明园实业有限公司

建筑面积：71203 平方米

项目规划利用基地原有厂房的道路为骨架并尽量保留原有树木进行布局，使住区空间有序而丰富。四联内院通过公共空间到私密空间的逐步过渡，形成富有趣味的住宅组合体。联体退台住宅以干净利落的形体穿插，造就了庭院深深的中国传统住宅空间形态，空中叠加内院住宅巧妙利用建筑体块自身的错落布局与自然相呼应，整个建筑群体展示出很强的现代氛围。

中 房 建 筑
40 周年作品集
1979-2019

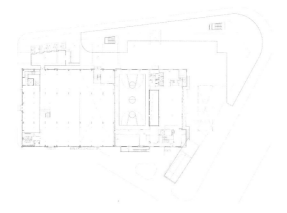

杭州万科随园嘉树

项目地址：浙江省杭州市良渚文化村

开 发 商：浙江万科南都房地产有限公司

建筑面积：68000 平方米

项目位于杭州市良渚文化村，紧临风情大道，周边已先期建成住宅、商业、博物馆等建筑，生活配套齐全、自然资源优越。项目总面积约 6.8 万平方米，为较高端的老年公寓产品。

项目首先根据社会老年化的特点，尊重老年人喜爱聚居的行为方式，引入了"群"的概念，创造出适宜老年人聚居的场所。其次结合山地特征，关注无障碍设计。设计将西高东低的地势处理成为几个台地，利用台地的高差形成沿山层层叠叠的丰富天际线。同时利用高差设置配套公建和地下车库，一方面减少开挖量，另一方面最大化利用了景观资源。最后利用"十字形庭院"的设计，将各个景观空间和功能空间串联起来，并与各个居住组团相连。

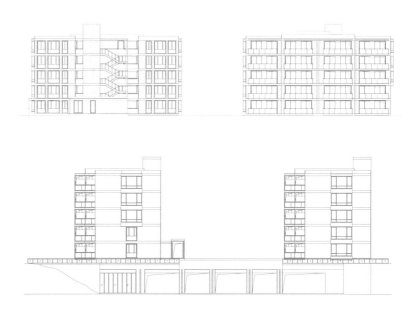

中 房 建 筑

40 周年作品集

1979 - 2019

鑫远太湖国际健康城颐养中心

项目地址：浙江省湖州市

开 发 商：湖南鑫远投资集团有限公司

建筑面积：106545 平方米

颐养中心位于太湖国际健康城中心，东侧面河，西侧面湖，北侧临医院，包括养老公寓、分时度假酒店、老年介护中心以及养老配套中心。设计根据老人不同的生命阶段，结合配套建设的老年大学及健康管理中心等，提供一站式全方位养老服务。

充分利用河景资源，高层面向湖面，入口广场与河景形成良好互动，河滨公园对公众开放，与老年活动中心组成开放社区，而老年公寓区拥有独立私家垂钓区。层次丰富而尺度亲切的围合式庭院，设计结合架空及庭院设置多种功能，使老年人重回群体生活。简洁而带有优雅装饰的现代主义风格建筑创造出了一个适合老人生活、疗养、度假的老年人社区。

日月光中心

项目地址：上海市卢湾区

开 发 商：上海鼎荣房地产开发有限公司

建筑面积：315390 平方米

合作设计：刘荣广、伍振民事务所

该项目是上海首个建成的地铁上盖城市综合体。轨道9号线斜穿基地，地下二层至地上五层均为商业并与地铁站厅或疏散通道在视线及空间相互贯通，为商业带来了无限商机。在应急情况下，又能让地铁客流快捷安全地抵达周边各条城市道路。下沉式广场不仅是购物休闲场所，又使地下与地面融为一体。建筑形体、尺度、用料、色彩与周边环境十分协调，成为一组形象突出、整体感强的现代建筑群体和上海西南地区城市副中心的标志。

杭州富阳汽车北站 TOD

项目地址：浙江省杭州市
开 发 商：富阳市城市建设投资集团有限公司
建筑面积：119250 平方米

富阳汽车北站规划的重点是整合地铁、长途客运、公交中心、酒店及公寓等各种功能，设计以交通为导向，采用人车分流，商业与盖上公园、换乘流线复合，商业与站前广场复合，打造地铁上盖城市公园体。

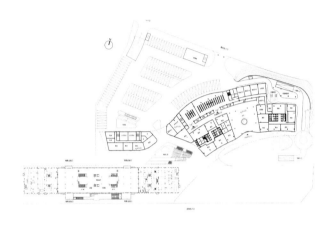

中房办公楼门厅更新

项目地址：上海市黄浦区

开 发 商：上海中房建筑设计有限公司

建筑面积：300 平方米

本次设计不仅需要在有限的空间满足新增功能的需求，同时需要对原空间设计做出回应和传承，体现 40 周年庆的空间纪念性。设计的重点在于两个原有楼板开洞空间的利用。我们构建了两个盒子，一暗一明。"暗盒子"位于门厅入口上方，通过桁架结构构建夹层储物空间，并且填补 20 层楼面，为新增功能提供了改造空间。"明盒子"采用精巧的镜面不锈钢构架及雾化玻璃组成，不仅是视觉中心，同时也是上下层的楼梯。构架采取了两侧悬挑的结构形式，与空间各界面脱开，正对主入口，具有强烈的纪念性及仪式感。

SHZF ARCHITECTS
40th Anniversary

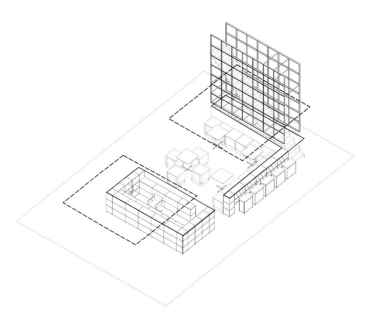

思南公馆奕思创联合办公改造

项目地址：上海市黄浦区

开 发 商：永业地产集团有限公司

建筑面积：1455 平方米

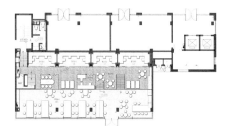

思南公馆地处上海浦西市中心核心区域，近年来因为坚持文化创新和对城市公共空间的升级打造，被视为上海典型的城市更新项目与文化地标。本项目就位于其中的 15 号楼，建筑共 3 层，总建筑面积 1455 平方米，本次对其中的一、二层进行整体改造，引入时下流行的联合办公新模式——奕思创 E-STRONGER，力求提升思南公馆现有的小众化时尚消费的商业定位，希望用新的运营模式打造新空间，提供新体验，开拓新思路。为了实现业主的这些需求，我们在本次改造过程中对内部空间、配色、材料、灯光等多方面进行了全面考虑，力求在达到摩登、时尚的同时也兼具实用性与人性化的现代办公空间的目的。

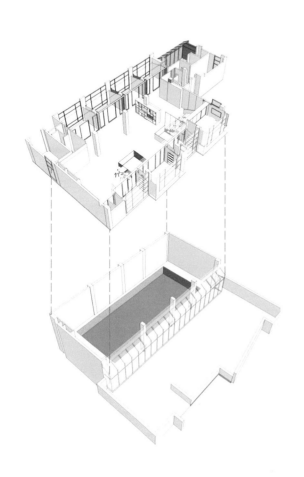

世博会挪威馆

项目地址：上海市世博园区
开 发 商：挪威王国创新署
建筑面积：1940 平方米
合作设计：挪威海伦与哈德事务所

2010 年上海世博会挪威馆由挪威 Helen & Hard 建筑师事务所担纲方案主创，上海中房建筑设计有限公司受挪威政府委托，进行该项目的方案深化及施工图设计。该项目又被称为"十五棵树"。在 3000 平方米用地上，建筑师用挪威常用的巨型木结构（Glulam Structure）以及新型膜材创造出 15 棵巨大的"树"，以及这些树所覆盖的展览空间。该设计最大的特点在于这 15 棵树在世博会结束后，将被拆分成独立的结构，延续它们的生命。这无疑是对世博会主题的一种创造性回应。

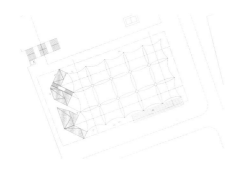

上海万科中兴路壹号

项目地址：上海市静安区
开 发 商：上海万科房地产有限公司
建筑面积：168859 平方米
合作设计：英国理查德·罗杰斯事务所

项目位于上海市静安区宝山路街道 147、148 街坊，根据场地边界，形成由十栋塔楼组成的两条规划主轴；点式建筑契合周边建筑肌理，保持了城市空间的通透性。主轴在基座部分派生出裙房的主界面，将两个地块连成特征鲜明的统一整体，并使本案形成一个围合社区，以商业界面与城市对话，同时有效地区隔出安静的住区内部环境。

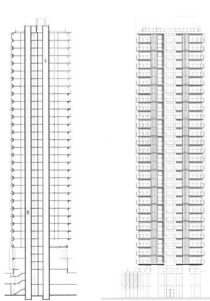

杭州万科古翠隐秀

项目地址：浙江省杭州市
开 发 商：万科企业股份有限公司
建筑面积：216736 平方米
合作设计：新加坡 SCDA 事务所

项目位于杭州市拱墅区，为杭州万科和融信合作的豪宅项目。包括 11 栋高层住宅，1 栋自持公寓，1 处带地下庭院的高级会所。地块呈三角形，总体布局上因地制宜，与北侧河道、南侧及东侧道路均有很好的呼应关系，中心两栋点式高层为楼王房型，占据小区最有利资源。立面采用现代风格，全幕墙设计，注重体块关系、虚实对比以及细部控制，且采用不对称的建筑形象，使得建筑形象更加灵动。

SHZF ARCHITECTS
40th Anniversary

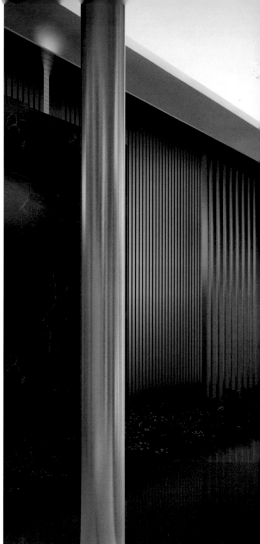

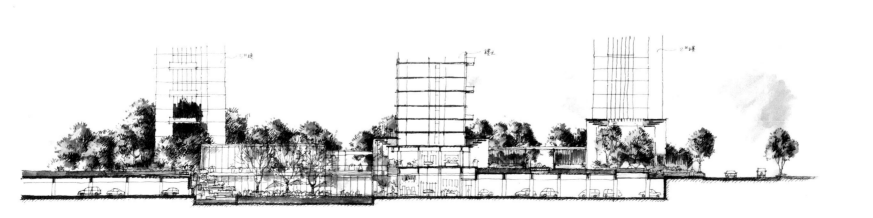

Team
SHZF ARCHITECTS

团队

中 房 建 筑
40 周年作品集
1979－2019

丁明渊

毕业于同济大学

一级注册建筑师

董事长

盛 磊

毕业于浙江大学

一级注册结构工程师

董事、总经理

包海泠

毕业于同济大学

一级注册建筑师

董事、建筑一所所长

龚革非

毕业于重庆建工学院

一级注册建筑师

建筑一所所总建筑师

陆 臻

毕业于同济大学

一级注册建筑师

董事、建筑二所所长

黄 涛

毕业于浙江大学

一级注册建筑师

建筑二所所总建筑师

张继红

毕业于同济大学
一级注册建筑师、注册城市规划师
总建筑师

丁晓医

毕业于郑州大学
一级注册建筑师、注册城市规划师
副总建筑师

孙 蓉

毕业于浙江大学
一级注册建筑师
建筑三所所长

虞 卫

毕业于同济大学
注册城市规划师、一级注册建筑师
建筑四所所长

朱 亮

毕业于同济大学
一级注册建筑师
建筑五所所长

徐文炜

毕业于同济大学
一级注册结构工程师
结构总工程师、结构二所所长

周海波

毕业于上海交通大学
一级注册结构工程师
结构副总工程师

杨永葆

毕业于同济大学
一级注册结构工程师
结构副总工程师

张 立

毕业于合肥工业大学
一级注册结构工程师
结构一所所长

王 翔

毕业于同济大学
注册公用设备工程师
设备副总工程师、设备所所长

徐立群

毕业于同济大学
注册公用设备工程师
设备副总工程师

吴忠林

毕业于同济大学
注册公用设备工程师
设备副总工程师

盛 铭

毕业于同济大学
一级注册建筑师、注册城市规划师
BIM 室主任

宦 杰

毕业于同济大学

室内室主任

虞 梭

毕业于同济大学
一级注册建筑师
主任

何 巍

毕业于同济大学
一级注册建筑师
主任建筑师

李 理

毕业于同济大学
一级注册建筑师
主任

徐世敏

毕业于福建工程学院

主任建筑师

陈嘉卿

毕业于同济大学
一级注册建筑师
主任建筑师

叶 琳

毕业于浙江大学
一级注册建筑师
主任

卞 晖

毕业于东华大学

主任建筑师

刘 全

毕业于同济大学
一级注册建筑师
主任

王静伟

毕业于上海交通大学
一级注册建筑师
主任建筑师

濮慧娟

毕业于同济大学
一级注册建筑师
主任

蒋佐伦

毕业于吉林建筑大学

一级注册建筑师

主任建筑师

蔡炜翔

毕业于上海大学

一级注册建筑师

主任建筑师

李永民

毕业于东南大学

一级注册建筑师

主任建筑师

周春琦

毕业于郑州大学

一级注册建筑师

主任建筑师

李 敏

毕业于交通大学

一级注册建筑师

主任建筑师

曾海兵

毕业于哈尔滨工业大学

一级注册建筑师

主任建筑师

Awards
SHZF ARCHITECTS

获奖

明园都市森林

2019 德国 ICONIC AWARDS 标志性设计奖
WINNER
2015 年度上海绿色建筑贡献奖

融创滨江壹号院

2019 年度上海市优秀工程勘察设计
一等奖

杭州万科良渚文化村竹径云山二期

2019 年上海市建筑学会第八届建筑创作
居住建筑
优秀奖

万科公望森林别墅五期

2019 年度上海市优秀工程勘察设计
二等奖
2017 年上海市建筑学会第七届建筑创作奖
佳作奖

华谊月子中心

2019 年上海市建筑学会第八届建筑创作
佳作奖

思南奕思创联合办公室内改造

2019 年上海市建筑学会第八届建筑创作
提名奖
2019 年第五届地产设计大奖
优秀奖

宁波公园道商业展示区

2019 年上海市建筑学会第八届建筑创作
佳作奖

镇江万科翡翠公园

2019 年上海市建筑学会第八届建筑创作
提名奖

宁波万科翡翠滨江

2019 年第五届地产设计大奖
优秀奖

佘山北大型居住社区

2018 年度上海市优秀住宅工程设计
一等奖

正荣金山御首府

2018 年度上海市优秀住宅工程设计
一等奖

万源城 · 御璄

2018 年度上海市优秀住宅工程设计
二等奖

杭州万科良渚文化村郡西澜山

2018 年度上海市优秀住宅工程设计
二等奖

杭州万科良渚文化村阳光天际

2018 年度上海市优秀住宅工程设计
三等奖

杭州万科良渚文化村随园嘉树

2017 年度全国优秀工程勘察设计行业
住宅与住宅小区设计
一等奖
2016 年度上海市优秀住宅工程设计
一等奖

杭州万科良渚文化村郡西别墅

2017 年度全国优秀工程勘察设计行业
住宅与住宅小区设计
二等奖
2013 年上海建筑学会第五届建筑创作奖
居住类 优秀奖

中 房 建 筑
40 周年作品集
1979-2019

上海东艺大厦改建工程

2017 年度上海市优秀勘察设计项目
一等奖
2017 年度全国优秀工程勘察设计行业公建
三等奖

华山路 899 号修缮项目

2017 年度上海市优秀勘察设计项目
三等奖

上海永康城香梓苑

2016 年度上海市优秀住宅工程设计
一等奖

临港新城限价商品房

2016 年度上海市优秀住宅工程设计
三等奖

仁恒三亚海棠湾

2016 年美居奖最美旅游度假区

华侨城中意国际中心

2015 年度上海市优秀勘察设计项目
二等奖

三林基地 6 号地块保障房

2014 年度优秀住宅和住宅小区获奖项目
一等奖
2012 年全国保障性住房优秀设计专项奖
二等奖

黄渡新城

2014 年度全国优秀城乡规划设计奖

南通山水壹号

2014 年度优秀住宅和住宅小区获奖项目
一等奖

国信世纪海景

2014 年度优秀住宅和住宅小区获奖项目
一等奖

杭州万科良渚文化村柳映坊

2014 年度优秀住宅和住宅小区获奖项目
一等奖

新江湾首府

2014 年度优秀住宅和住宅小区获奖项目
二等奖

徐汇中凯城市之光

2014 年度优秀住宅和住宅小区获奖项目
二等奖

三林基地 2 号地块保障房

2014 年度优秀住宅和住宅小区获奖项目
二等奖

万科公望森林别墅三、四期

2013 年度全国勘察协会优秀工程
三等奖
2012 年度上海优秀住宅设计获奖项目
一等奖

SOHO 世纪广场

2013 年上海市优秀勘察设计项目
二等奖
2013 年度上海优秀勘察设计专业
一等奖（暖通）

中 房 建 筑
40 周年作品集
1979-2019

上海日月光商业中心

2013 年度上海优秀勘察设计专业
二等奖（结构）

常熟世茂行政中心

2013 年上海市优秀勘察设计项目
三等奖

万顺水原墅

2012 年度上海优秀住宅设计获奖项目
二等奖
2010 年全国人居最佳建筑设计综合
金奖

新凯家园三期

2012 年全国保障性住房优秀设计专项奖
三等奖
2010 年度上海优秀住宅设计
二等奖

新江湾城尚景园

2012 年度上海优秀住宅设计获奖项目
一等奖

杭州和家园

2011 年度全国优秀工程勘察设计行业奖
建筑工程
三等奖
2010 年度上海优秀住宅设计
一等奖

上海黄浦中心

2011 年度全国优秀工程勘察设计行业奖
建筑工程
三等奖
2011 年度上海市优秀工程勘察设计项目
二等奖

新凯家园一、二期

2011 年度全国优秀工程勘察设计行业奖
建筑工程
三等奖

新富港金融中心

2011 年度上海市优秀工程勘察设计项目
二等奖

海鸥大厦

2011 年度上海市优秀工程勘察设计项目
三等奖

万源商业中心

2011 年度上海市优秀工程勘察设计项目
三等奖

上海盛源家豪城

2010 年度上海优秀住宅设计
二等奖

新浦江镇

2010 年度上海优秀住宅设计
二等奖

昆山世茂国际

2010 年度上海优秀住宅设计
二等奖

万源城朗郡

2010 年度上海优秀住宅设计
三等奖

御华山

2009 年度上海市优秀工程设计
二等奖

中 房 建 筑
40 周年作品集
1979 - 2019

嘉兴江南润园

2009 年上海市建筑学会第三届建筑创造奖
居住类
一等奖

临港新城

2008 年度全国优秀工程勘察设计行业奖
住宅与住宅小区
三等奖
2008 年度上海市住宅小区
二等奖

苏州筑园会所

2008 年第二届上海市建筑学会
建筑创作奖
优秀奖

无锡加州阳光城

2008 年度上海市住宅单体
一等奖
2006 年度上海市优秀住宅单体创优设计
优秀奖

经纬城市绿洲

2008 年度上海市住宅小区
一等奖

宝宸共和家园

2008 年度上海市住宅小区
一等奖

万科兰乔圣菲

2008 年度上海市住宅单体
三等奖

九间堂

2007 年度上海市优秀住宅工程小区设计
一等奖
2006 年度上海市优秀住宅小区
创优设计项目
优秀奖

格林风范城会所

2007 年度上海市优秀工程设计
二等奖

金家巷天主教堂

2007 年度上海市优秀工程设计
三等奖

静鼎安邦

2006 年度第四届中国建筑学会建筑创作
佳作奖
2006 年度上海市优秀住宅工程小区设计
项目一等奖

嘉定江桥一号

2006 年度上海市优秀住宅工程小区设计
项目一等奖

静安凤凰苑

2006 年度上海市优秀住宅工程单体设计
项目优秀奖

地杰国际城

2006 年度上海市优秀住宅小区创优
设计项目
佳作奖

黄山中学

2005 年度上海市优秀工程设计
二等奖

外滩·海琪苑

2004 年度上海市优秀住宅工程
小区设计项目
一等奖
2002 年度上海市住宅设计单体创优项目
优秀奖

图书在版编目(CIP)数据

中房建筑40周年作品集：1979-2019/上海中房建筑设计有限公司编著. —北京：中国建筑工业出版社，2019.10
ISBN 978-7-112-24224-5

Ⅰ.①中… Ⅱ.①上… Ⅲ.①建筑设计－作品集－中国－现代 Ⅳ.①TU206

中国版本图书馆 CIP 数据核字(2019)第 202742 号

出版策划/丁明渊 刘 瑛 吴 寒
资料整理/包海泠 龚革非 陆 臻 黄 涛 叶 琳 朱 亮
　　　　　徐世敏 李 理 宦 杰 封陈杰 王静伟 朱 辉
　　　　　赵婉月 劳红洲 刘海生
版式设计/吴 寒
责任编辑/唐 旭 吴 绫 贺 伟 李东禧
责任校对/赵 菲

中房建筑 40 周年作品集 1979-2019
上海中房建筑设计有限公司 编著
*
中国建筑工业出版社出版、发行 (北京海淀三里河路9号)

各地新华书店、建筑书店经销

上海盛通时代印刷有限公司印刷
*
开本：787×1092 毫米 1/12 印张：13⅓ 字数：243 千字

2019年10月第一版 2019年10月第一次印刷

定价：188.00 元
ISBN 978-7-112-24224-5
　　　(34750)